Ueber

Erdbeben und Vulkane.

Ein Vortrag

gehalten im wissenschaftlichen Verein

von

Dr. H. Girard.

Mit einer Tafel Abbildungen.

Berlin,
Druck und Verlag von G. Reimer.
1845.

Zwei Erscheinungen sind es, in denen die Grund-Ursachen aller vulkanischen Thätigkeit gegeben sind. Erstens steht es fest, daß die Wärme des Erdkörpers, je tiefer man in denselben eindringt, um desto mehr zunimmt. Sorgfältige Beobachtungen, die in tiefen Bergwerken angestellt worden sind, so wie in Bohrlöchern, welche man zur Auffindung von artesischen Quellen, von Soolbrunnen oder von Steinsalz, schon auf 2000 Fuß und darüber niedergebracht hat, haben dies ohne Ausnahme bestätigt. Für je 100 Fuß Tiefe muß man wenigstens 1° R. Wärmezunahme annehmen, und so zeigt sich, daß schon in einer, für den Durchmesser unserer Erde, geringen Tiefe eine Temperatur herrschen muß, bei der Alles, was an der Erdoberfläche fest erscheint, in feurigem Fluß zu denken ist. Also auf einem flüssigen Kern oder vielmehr darüber ruht das Gewölbe unserer Erdrinde.

Zweitens sieht man, daß, obgleich Quellen und Flüsse in Gebirgen und Ebenen einen großen Theil des Gewässers in steter Bewegung an der Oberfläche erhalten, dennoch beständig eine nicht unbedeutende Menge, auf kleinen Klüften und Spalten, in die Tiefe versinkt. In allen Bergwerken, tiefen Brunnen und Bohrlöchern, finden sich Quellen, und es ist daher eine unbestrittene Thatsache, daß fortwährend von der Erdoberfläche Wasser in das Erdinnere gelangt.

In diesen beiden Erscheinungen: der zunehmenden Wärme gegen das Erdinnere und dem Eindringen des Wassers zu demselben, liegen die Grundbedingungen jedweder vulkanischen Thätigkeit.

Von allen Äußerungen vulkanischer Kräfte sind diejenigen, welche sich über den größten Theil unserer Erdoberfläche verbreiten, die Erdbeben. Wenige Theile des Festlandes finden sich, in denen nicht hin und wieder einmal ein Erdstoß verspürt worden wäre, und es scheint, daß nur die mittleren Theile großer Tiefebenen nicht von den Erschütterungen berührt werden, welche alle höher gelegenen, den Gebirgsrücken näher liegenden Gegenden heimsuchen. So hat Berlin das Glück, daß alle Erschütterungen des Erdinnern seinen weichen Sitz im Sande nicht zu erreichen vermögen. Sicherlich liegt der Grund dafür in den Massen, welche die Oberfläche zusammensetzen, und da diese z. B. in der norddeutschen Ebene auf mehrere hundert Fuß Tiefe nur aus Sand und Thonschichten bestehen, so ist wohl zu verstehen, daß in diesen weichen, nachgiebigen Massen eine Fortpflanzung der Bewegung wie im festen Gestein nicht zu denken ist.

Aber auch in festen Gesteinen ist die Fortpflanzung der Erdbeben keineswegs eine gleichförmige, denn da in allen Gesteinen theils Trennungen in Platten und Tafeln, theils Schichtung und Zerklüftungen sich einstellen, so muß sich die regelmäßige Fortpflanzung empfangener Erschütterungen auf das Mannigfaltigste abändern, und ein und dasselbe, über weite Theile der Erdoberfläche verbreitete Erdbeben kann an den verschiedenen Orten mit den verschiedensten Wirkungen auftreten. Bald können zwei, sich in gleichförmiger Richtung treffende Schwingungen, ihre gegenseitigen Wirkungen verstärken und furchtbare Zerstörungen hervorrufen, während in anderen Gegenden, wo die Bewegungen einander entgegengesetzt sind, sie sich aufheben können zu einer ungestörten Ruhe. Dennoch ist es merkwürdig, wie in den Gebirgen selbst, sobald sie von Erdbeben betroffen werden, diese Wirkung auf die Erdschichten sich umkehrt, denn dann gilt die Erfahrung, daß Erdbeben sich auf dem festen Felsboden minder verheerend erweisen, als auf lockeren, dessen Bestandtheile leicht durcheinander zu werfen sind.

Ein deutliches Beispiel hiervon lieferte das große Erdbeben von 1783, das Süd-Calabrien und Messina verwüstete und seinen Hauptsitz in der Umgegend der Städtchen Oppido und Polisteno hatte. Die hohe Bergkette von Aspromonte giebt hier rechtwinklich auf ihre Erstreckung einen Seitenzweig ab, welcher zwischen dem Meerbusen von Gioja und Eufemia nach Cap Vaticano hin fortsetzt, und so ein weit geöffnetes Amphitheater gegen das Meer hin bildet. Das Land im Innern desselben, welches der eigentliche Schauplatz des Erdbebens war, neigt sich in einer sanften Ebene (la Piana genannt) zum Meer hinab. Es besteht aus einem mannigfaltigen Wechsel lockerer Schichten von plastischem Thone, von grobem Sandstein und Gerüllmassen, in denen allen sich die aus den Bergen kommenden Bäche tiefe und zahlreiche Schluchten eingerissen haben, die oft mehrere Hundert Fuß Tiefe erreichen.

So lange unbedeutende Bewegungen die Gegend nur berührt hatten, hatte sich kein Unterschied in den Wirkungen auf das verschiedene Terrain gezeigt, als aber heftige Stöße das ganze Gebirg erschütterten, machte sich der Unterschied der Bodenbeschaffenheit sichtbar. Die Berge selbst wurden nicht weniger als die Ebene erschüttert, ja es kamen Fälle vor, wo der Boden in kurzen Stößen, so mächtig bewegt wurde, daß die Berge auf und nieder zu hüpfen schienen, und man berichtet, daß einzelne Menschen und vereinzelt stehende Häuser plötzlich in die Höhe geschnellt und ohne Schaden, selbst an etwas höher gelegenen Punkten, wieder niedergesetzt wurden. Aber im Allgemeinen litten die Bergstädte weniger, weil sich die Kraft der Stöße regelmäßiger im Gestein verbreitete und so geschah es, daß nur schlankere Gebäude, besonders die Glockenthürme der Kirchen, umgestürzt wurden. In der Ebene dagegen war die Verwüstung grenzenlos. An einigen Stellen bildeten die zusammengedrängten Erdmassen neue Hügel und Berge, an anderen rissen sich große Massen von den vorhandenen los und bedeckten die Umgegend, die alten Thäler schlossen sich, die Flüsse bahnten sich neue Wege und von allem, was Menschenhände gebaut hatten, blieb kein Stein auf dem andern. Ein berühmter Geognost des vorigen Jahrhunderts schildert uns den Eindruck dieses Anblickes mit folgenden Worten: „Ich hatte Messina und Reggio gesehen, und ihr Schicksal hatte mich tief betrübt. Ich hatte hier kein Haus mehr finden können, das noch bewohnbar gewesen wäre und das nicht hätte von den Fundamenten aus wieder neu müssen hergestellt werden; aber am Ende existirt doch noch gleichsam das Skelett dieser beiden Städte; der größte Theil ihrer Mauern steht noch aufrecht und man sieht noch, daß beide Städte einst da waren. Messina zeigt selbst noch, aus einer gewissen Entfernung betrachtet, ein unvollkommenes Bild seines alten Glanzes.

Ich sah Tropea und Nicotera, wo nur wenig Häuser von den ärgsten Beschädigungen frei blieben, während die andern alle zerstört sind, und meine Vorstellung über das Unglück dieses Landes schien mir vollständig. Als ich aber von einer Anhöhe auf die Ruinen von Polistena herabsah, auf den ersten Ort, welchen ich im Innern der Piana erblickte; als ich dort die Steinhaufen betrachtete, welche keine Gestalt mehr besitzen und keine Idee mehr von dem vormaligen Zustande dieses Ortes errathen lassen; als ich sah, daß kein Haus von der Zerstörung frei geblieben, und Alles dem Boden gleich gemacht war; da ergriff mich eine Empfindung von Grauen, von Mitleiden und von Schaudern, welche für einige Augenblicke alle meine Kräfte lähmte." —

Während so die Gegenden im Gebirg den größten Verheerungen durch Erdbeben ausgesetzt sind, große continentale Tiefländer aber kaum von ihnen berührt werden, scheinen flache oder doch nur hügelige Gegenden, die am Fuße größerer Gebirge liegen, durch künstliche Mittel sich vor den schädlichsten Wirkungen der Erdbeben schützen zu können, selbst wenn sie häufig von solchen heimgesucht werden.

Es ist nemlich eine bereits bei den Alten mehrfach ausgesprochene Ansicht, daß eine Gegend vor den gefährlichsten Wirkungen der Erdbeben geschützt sei, sobald sie zahlreiche Brunnen, Grotten oder Steinbrüche enthält. Man empfahl deshalb in gefährdeten Gegenden dergleichen Anlagen, weil man glaubte, daß durch sie die gespannten Dämpfe, welche, im Erdinnern gefangen, Ursache der Erdbeben seien, leichter entweichen könnten. Aber auch neuere Schriftsteller schließen sich dieser Ansicht an. Man führt an, daß in Rom bei Anlage des Capitols tiefe Brunnen im capitolinischen Hügel gegraben worden seien und daß seitdem jener Theil der Stadt nie wieder durch Erdbeben gelitten habe. Auch Capua soll, weil es viele tiefe Brunnen besitzt und außerdem zum großen Theil von dem tief eingeschnittenen Thale des Vulturnus umgeben wird, weniger als andere Städte der campanischen Gefilde durch Erdbeben leiden. Ebenso sollen in der Stadt Udine in Friaul, nach einem heftigen Erdbeben, in alten Zeiten viel tiefe Brunnen gegraben sein, die seitdem die Stadt vor neuen Zerstörungen bewahrt haben; und in Neapel hat man bei dem Bau größerer Palläste, wie bei dem Königl. Schlosse, dem Pallast von Capo di Monte, dem Hause des Duca di Cassano-Serra, des Principe di Stigliano die Vorsicht gebraucht, sie über mehr oder minder großen Aushöhlungen auf Pfeilern und Gewölben zu errichten. Auch soll der Obelisk des heil. Januarius auf einem tiefen Brunnen stehen. Nicht bloß in Italien findet sich diese Ansicht verbreitet, sondern auch außer Europa in Asien und in Amerika. Man grub in der Stadt Tauris, die im Jahre 1721 durch ein furchtbares Erdbeben verwüstet wurde, eine große Zahl tiefer Brunnen, um ähnlichen Wirkungen für die Zukunft vorzubeugen; und man glaubt in Quito, daß hier die Erdbeben weniger häufig und gefährlich, als in dem nur 15 Meilen südlicher liegenden Latacugna seien, weil die Umgegend von Quito von vielen und tiefen Schluchten durchzogen wird. Auch hat es nichts Unnatürliches anzunehmen, daß die Bildung von zahlreichen Spalten, oder von sicher gewölbten Räumen, auf die man bei allen Arbeiten unter der Erde besonders Acht haben muß, einen Erdstoß brechen und seine Wirkung gleichmäßiger vertheilen könnte.

Die Fortpflanzung der Bewegung der Erdbeben im

Großen ist meist eine wellenförmige; mitunter zeigen sich zwar auch plötzliche Bewegungen oder Stöße nach oben, wie wir deren bereits erwähnten, und hin und wieder kommen drehende Bewegungen, wie die Wirbel im Wasser vor, aber die gewöhnlichste und am häufigsten beobachtete Wirkung der Erdbeben ist ein allmähliges Heben und Senken des Erdbodens, das auf einer weiten Linie zu gleicher Zeit vor sich geht, ganz wie die Wellen im offenen Meere. Zahlreiche Beobachter schildern diese Bewegung bei dem großen Erdbeben, das Lissabon im Jahre 1755 verwüstete, und einer derselben, ein englischer Kaufmann, beschreibt in einem Briefe dies großartige Ereigniß etwas ausführlicher.

„Keinen schönern Morgen konnte man gesehen haben, als den des 1. Novbr.; die Sonne schien in vollem Glanze, der ganze Himmel war vollkommen heiter und klar, kein warnendes Zeichen verkündete nahes Unglück. — Ich saß in meinem Zimmer zwischen 9 und 10 Uhr Morgens und schrieb an einem Briefe, als die Papiere und der Schreibtisch in eine sanft zitternde Bewegung geriethen, ohne daß irgend ein Luftzug zu bemerken war. Ich wußte nicht, was ich daraus machen sollte, und als bald das ganze Haus vom Gipfel bis zum Grunde erschüttert wurde, glaubte ich einen Augenblick, das käme vom Rasseln mehrerer Wagen, die, wie gewöhnlich, durch die Straße rollten von Belem nach dem Pallaste. Aufmerksamer horchend wurde ich bald enttäuscht, und bemerkte, daß die Ursache eine sonderbar fürchterliche Art von Getöse unter der Erde war, das dem hohlen Rollen fernen Donners glich. Das Alles dauerte keine Minute und ich dachte an Erdbeben, wie ich ein, obgleich unschädliches auf Madeira erlebt hatte. Meine Feder wegwerfend und aufspringend war ich einen Augenblick ungewiß, was zu thun; ich glaubte, es sei vorüber; da schreckte mich ein fürchterliches Krachen auf, so stark als stürzten alle Gebäude der Stadt auf ein Mal zusammen. Auch stürzten sogleich die obern Stockwerke des Hauses ein und die untern wurden zerrissen." — Der Schreiber fährt hier fort, zu erzählen, wie er das Haus verlassen habe und über die Trümmer der vielen eingestürzten Häuser, zum Theil auf Händen und Füßen kriechend, erst bis zum Platze der eingestürzten St. Pauls Kirche und, nach kurzem Verweilen, von da bis zum Ufer des Tejo gelangt sei. Als er sich dort befand, (also geraume Zeit nach dem ersten Stoße) kam der zweite Stoß, etwas weniger heftig als der erste, doch so stark, daß er die Zerstörung vollendete. „Auf einmal, fährt er fort, ertönte das Geschrei: das Meer kommt! Es entstand auf dem Wasser ohne Wind ein Heben und Schwellen, und sogleich kam eine ungeheure Wassermasse wie ein Berg schäumend und brausend daher, warf sich hoch über das Ufer hin und rauschte fast in demselben Augenblicke pfeilschnell zurück. Die Schiffe tanzten und wurden hin und her geworfen wie im heftigsten Sturme, mehrere wurden von den Ankern gerissen und einige auf die andere Seite des hier 4 engl. Meilen breiten Tejo geworfen.

In diesem Moment geschah es, daß der schöne neue Quai, ganz von Marmorblöcken mit ungeheuern Kosten erbaut, mit allem darauf befindlichen Volke, welches dort Sicherheit zu finden geglaubt hatte, gänzlich verschlungen wurde, zugleich mit einer Menge daran liegender Boote und kleiner Schiffe, von denen nie wieder etwas zum Vorschein kam. Diesem Berichte, sagt der Schreiber, können Sie vollkommenen Glauben beimessen; denn was den Verlust der Schiffe betrifft, so wird er von Jedermann bestätigt; und in Betreff des Quai, so gieng ich wenige Tage nach dem Vorfall hin, um mich von der Wahrheit der Erzählung zu überzeugen; da konnte ich nicht einmal Spuren des Platzes finden, wo ich so manchen angenehmen Spaziergang gemacht hatte. Ich fand statt dessen überall tiefes Wasser und an einigen Stellen fast unergründlich. Das ist übrigens der einzige Punkt in Lissabon, wo ein Verschlingen der Erde oder Einsinken in die Tiefe wahrgenommen worden ist."

Bei diesem gewaltigen Erdbeben haben die heftigsten Erschütterungen ohne alle unmittelbaren Vorboten begonnen; zwar waren in den letztvergangenen Jahren, besonders seit 1749, viele und weitverbreitete Erderschütterungen bemerkt worden, aber seit dem Anfang des Jahres 52 war Portugal von denselben ganz befreit geblieben; und so sind viele der bedeutendsten Erschütterungen eingetreten, ohne daß sie in jenen Gegenden selbst, die sie am heftigsten ergriffen, sich verbreitet hätten. Aber eine große allgemein verbreitete Bewegung im Erdinnern war dieser entsetzlichen Kraftäußerung vorangegangen. In Skandinavien, in den brittischen Inseln, in Deutschland, Frankreich und Italien waren in den letzten 5 Jahren zahlreiche Erdbeben auf einander gefolgt und die Umgebungen des mittelländischen Meeres, in Asien sowohl als in Afrika und Europa, waren ganz besonders erschüttert worden; ja selbst auf Island hatte noch im October desselben Jahres ein bedeutendes Erdbeben und ein vulkanischer Ausbruch Statt, — da endlich brachen die von vielen Seiten her aufgesammelten und gespannten vulkanischen Kräfte in jene Gegenden des Ufersaums am atlantischen Ocean hinein, die bis dahin fast ganz von ihren Bewegungen befreit geblieben waren. Die in den Gewölben des glühenden Erdinnern durch das herabdringende Wasser gebildeten Dämpfe hatten sich allmählig und an vielen Punkten angesammelt, und sprengten endlich mit furchtbarer Gewalt den Weg in neue Räume, die bisher von ihnen noch nicht erfüllt worden waren. Hier lagen diese Räume auf einer weiten Linie von N nach S verbreitet, und so finden wir auch die Erschütterungen in dieser Richtung am mächtigsten. In Mogador, dem südlichsten Punkte, von dem wir Beobachtungen besitzen, lag vor jenem Tage eine Reihe von Klippen im vordern Theile des Hafens unter dem Meere, die nur kleineren Schiffen den Eingang in denselben gestattete. Während der Erdstöße vom 1sten Novbr. versank diese Felsenreihe urplötzlich so tief, daß seitdem die Rehde daselbst eine Tiefe von 20 Faden (120′) hat, und die größten Kriegsschiffe aufzunehmen vermag, wie wir in jüngster Zeit gesehen haben. Ganz Marocco wurde heftig erschüttert; in Tanger stürzte ein Vorgebirg ins Meer; in Gibraltar, Cadiz und Sevilla empfand man den Stoß sehr stark; und die ganze portugiesische und spanische Westküste, von Cap Vincent bis Finisterre, mußte fast so wie Lissabon darunter leiden. In Cork in Irland, das an der SW Spitze dieser Insel liegt, erfolgte ein deutlicher Erdstoß, und obgleich nicht zu vergleichen mit den Erschütterungen in Portugal, war er indessen doch viel stärker als die Bewegungen des Bodens in irgend einem andern Theile Groß-Britaniens. Frankreich, die Schweiz, Italien, ein großer Theil von Deutschland und selbst Skandinavien wurden davon erschüttert, und alle an demselben Tage. In Teplitz in Böhmen wurde gegen 12 Uhr Morgens das Wasser der

Quelle ganz schlammig und eine halbe Stunde darauf warf die Hauptquelle plötzlich eine so große Menge Wassers aus, daß alle Bäder überflossen. Nachdem es hierauf beinahe eine Minute lang ganz ausgeblieben war, brach es mit großer Gewalt wieder hervor und warf eine Menge röthlichen Ockers aus. Hierauf wurde die Quelle wieder ruhig und rein wie zuvor, doch lieferte sie mehr Wasser als sonst, auch war die Temperatur desselben erhöht. Man hat sogar behauptet, daß ihre Heilkräfte oder ihre mineralischen Bestandtheile vermehrt worden seien. —

So weit erstreckt sich die Bewegung des Festlandes im Osten der großen Erschütterungslinie. Im Westen, wo nur wenige Inseln im großen Ocean sich befinden, ist auch auf allen diesen die Erschütterung verspürt worden. Zu Funchal auf Madeira hörte man am Morgen des 1. Nvbr. zuerst ein rollendes Getöse, und dann folgte eine schnelle schwingende Bewegung des Bodens, die eine Minute lang bald stärker, bald schwächer dauerte. Das Getöse währte fort in dieser Zeit und starb während derselben langsam dahin, wie ferner Donner; der Tag war schön und die Luft still. An diesem Ort dauerte die Bewegung 1 Minute, in Cadiz, Lissabon, Porto, Corunna ungefähr 5 Minuten, länger fast nirgends; und so scheint es allgemein, daß selbst die furchtbarsten Erdbeben nie lange Zeit gebraucht haben, ihre verheerende Thätigkeit zu entwickeln. In Calabrien geschahen in 2 Minuten die oben geschilderten Verwüstungen, in Stadt und Provinz Carracas brachten, nach Alex. v. Humboldts Zeugniß, drei kräftige Stöße, im Zeitraum von noch nicht einer Minute, 20,000 Menschen den Tod, und bei einem großen Erdbeben auf Jamaica im Jahre 1692 war, der Aussage nach, Alles in drei Minuten vollendet, und diese kurze Zeit reichte hin, um die ganze Insel so zu verwandeln, daß auf ihr keine Landschaft das alte Ansehen behalten hatte.

Auf diese Weise hinterläßt jedes große Erdbeben mehr oder minder deutliche Spuren seiner Gewalt, und nicht bloß sind es Versenkungen des Erdbodens, wie sie bei Lissabon und Mogador gesehen wurden, sondern es wird auch an vielen Stellen der Erdboden auf weite Strecken hin erhoben und in dieser neuen Lage belassen. Die ganze Westküste des südlichen Amerikas liefert hierfür zahlreiche Beweise, denn man erkennt dort an vielen Punkten den alten Meeresstrand weit über dem jetzigen Stande der höchsten Fluth, aber den schlagenden Beweis dafür, daß dies als eine Folge der Erdbeben anzusehen sei, welche am Fuß der ganzen vulkanischen Andes-Kette so häufig sind; diesen Beweis haben erst die sorgfältigen Beobachtungen einer englischen Dame geliefert, welche das große Erdbeben von Chili im Jahre 1822 beschrieben hat. Mß. Maria Graham befand sich damals in Quintoro unweit Valparaiso. Es war am 19. Novbr. des Abends um ein Viertel nach zehn Uhr, bei ruhigem, mondhellem Wetter, bei welchem man das Südlicht gesehen hatte, als der erste Stoß geschah, und damit eine Erschütterungsperiode eröffnet wurde, die erst im September des folgenden Jahres gänzlich endete. Dieser erste Stoß wurde vom Lima ab, wo ihn die im Hafen von Callao liegenden Schiffe verspürten, bis nach Conception auf eine Erstreckung von 300 geogr. Meilen von Norden nach Süden empfunden, und vom Meere ab über die Anden hinaus gegen Osten bis zu Mendoza und Sant Juan. Er zerstörte die Städte Valparaiso, Melipilla, Quillota und Casa blanca fast gänzlich und beschädigte Santjago stark. — Wenige Minuten nach dem ersten Stoße geschah ein zweiter aber schwächerer und von dem Augenblicke an folgten die ganze Nacht hindurch fast beständig innerhalb 5 Minuten zwei Erschütterungen, von denen jede ½—1 Minute anhielt. Am Morgen des 20sten Novbrs. schien es, daß die ganze Küste von N nach S auf einer Strecke von ungefähr 100 englischen Meilen über ihr früheres Niveau gehoben worden war. Die Hebung der Küste betrug zu Valparaiso ungefähr 3 Fuß, zu Quintoro ungefähr 4 Fuß. Man sah, von einem kleinen Hügel bei Quintero aus, daß ein Schiffswrack, dem man sich zuvor nicht nähern konnte, jetzt vom Lande her erreichbar war, obgleich es seine Stelle an der Küste nicht verändert hatte und als man die Küste näher untersuchte, fand sich, selbst bei der Fluth, das alte Bette des Meeres bloß und trocken gelegt, mit Bänken von Austern und andern Muscheln, die den Felsen anhingen, auf welchen sie gewachsen waren. Man muß annehmen, daß die Küste in früherer Zeit auf ähnliche Weise durch Erdbeben gehoben worden ist, da mehrere alte Uferlinien, bestehend aus Schiefern mit Muscheln gemischt, sich, bis zu einer Höhe von 50 Fuß über dem Meere, parallel mit der Richtung der jetzigen Küste fortziehen.

Noch merkwürdiger als die Erscheinungen am Fuße der Anden ist der Beweis für eine ganz allmählige Senkung und Wiedererhebung des Bodens in vulkanischen Distrikten, welchen der Tempel des Jupiter Serapis zu Puzzuoli liefert, der auf No. 2. unseres Bildes dargestellt ist.

Es liegt dieser Tempel kaum 100 Schritt vom Seestrande entfernt, im Norden des Städtchens Puzzuoli, am Meerbusen von Bajae im Westen von Neapel. Der Fußboden des Tempels liegt jetzt unter dem Niveau des Meeres, und das Gewässer bedeckt ihn, je nach seinem Stande auf 1 — 1½ Fuß. Drei große Säulen von griechischem Marmor, ungefähr 20′ hoch, stehen noch aufrecht, andere sind zerbrochen und verstreut, und von kleinern Säulen aus röthlichem Stein, welche das innere Heiligthum, die um 2′ höher gebaute Cella zierten, liegen viele umher. Alle diese Marmorsäulen sind in einer bestimmten und völlig gleichen Höhe von zahlreichen Bohrmuscheln, Thiere, die überall in diesen Gegenden die Kalkfelsen der Küste unmittelbar unter der Oberfläche des Wassers anzubohren pflegen, zerfressen. Der Raum, auf dem dies geschehen, ist gegen oben und unten scharf begrenzt, so daß er einen ungefähr 6 — 7′ breiten Gürtel um jede Säule bildet. Bei den großen Säulen liegt die untere Grenze der Bohrlöcher 6 Fuß über dem Sockel; bei denen der Cella aber, da diese höher gestanden, nur 4 Fuß über demselben. — Der untere Theil der Säulen ist völlig glatt und äußerst wohl erhalten, der obere aber, über dem Kranz, den die Löcher der Bohrmuscheln bilden, ist stark verwittert, in der Weise, wie es Kalksteine zu zeigen pflegen, wenn sie wenig über das Meer hervorragend, bald dem Einfluß der Wellen, bald dem von Luft und Sonnenschein ausgesetzt sind. — Aus allen diesen Thatsachen kann man nicht anders, als die Schlußfolge ziehen, daß dieser Tempel erst langsam in die Tiefe gesunken ist, so daß fast alle seine Säulen stehen blieben; daß er dann in dieser Lage, vom Meere umgeben, aus dem die Spitzen der Säulen hervorragten, von Bohrmuscheln angebohrt, und endlich so nach und nach wieder erhoben worden ist, daß einige der Säulen, wenn auch nur wenige, bei dieser zweiten Bewegung ihre aufrechte

Stellung behalten haben. Doch war die Hebung nicht so beträchtlich als die Senkung, da sein Fuß jetzt im Wasser steht, und die Alten doch gewiß nicht den Tempel, selbst nicht einmal die Fundamente desselben im Niveau des Meeres gebaut haben werden.

Solche Erscheinungen bethätigen uns den vielfachen Einfluß, den Erdbeben auf die Gestalt der Erdoberfläche ausüben, allein noch großartiger stellt sich diese Wirkung dar, wo Erdbeben als Vorläufer vulkanischer Ausbrüche und mit diesen vereint, neue Inseln im Meere und neue Berge auf dem Festlande bilden. Manche Gegenden sind seit vielen Jahrhunderten der Schauplatz solcher Vorgänge gewesen und unter allen zeichnet sich besonders die Umgebung der griechischen Insel Santorin aus, da seit 2000 Jahren dort zu wiederholten Malen der Meeresboden sich erhoben hat.

Santorin, bei den Alten Thera genannt, bildet den südwestlichsten Punkt der kykladischen Inselgruppen, welche von den südlichsten Vorgebirgen von Attika und von Euboea gegen SW sich fortziehen. Sie hat eine fast halbmondförmige Gestalt, und die Bergzüge, welche sie zusammensetzen, bilden nach innen einen steilen scharfen Rand, der nach Außen hin allmählig abfällt. Diesem innern steilen Rande gegenüber, gleichsam den Umfang des Kreises ergänzend, liegen einige kleinere Inseln, andere in der Mitte zwischen diesen und Santorin. Seit dem Jahre 237 v. Ch. G. ist zu zehn verschiedenen Malen der Meeresboden hier zu Inseln und Klippen erhoben worden und zuletzt im Jahre 1707.

Theils wurden dadurch neue Inseln gebildet, theils erhoben sich Felsmassen, welche den alten sich anschlossen, theils kamen und verschwanden Klippen wieder. Nur über die

Entstehung der letzten Insel, der sogenannten Neuen oder Neo Kaimeni, besitzen wir ausführlichere Berichte.

Nachdem nemlich mehrere Tage hindurch schwache Erdstöße Santorin erschüttert hatten, bemerkten Schiffer am Morgen des 23sten Mai zwischen den beiden Braccianischen Inseln, gewöhnlich die große und die kleine Kaimeni genannt, einen schwimmenden Gegenstand, den sie im ersten Augenblick für den Rumpf eines gescheiterten Schiffes hielten. Als sich einige von ihnen näherten entdeckten sie, zu ihrem großen Erstaunen, daß es kein Schiff, sondern eine Klippe war, die anfing aus dem Grunde des Meeres empor zu steigen. Am folgenden Tag, nachdem sich viele Neugierige von der Wahrheit der Sache überzeugt hatten, wagten sogar einige der kühnsten die Klippe zu betreten, obgleich sie noch in Bewegung war und sich auf merkliche Weise vergrößerte. Sie brachten Muscheln und andere Seethiere von ihr herab, wie sie am Grunde des Meeres leben, besonders Austern von ungewöhnlicher Größe und von vortrefflichem Geschmack. Bis zum 4ten Juni fuhr diese Klippe fort ohne weiteres Geräusch zu wachsen, so daß sie eine Länge von 500 Schritten und eine Höhe von 25′ erreichte. Jetzt stand sie still. Am 16ten Juli sah man zwischen der neuen Insel und der kleinen Kaimeni eine neue Kette schwarzer Felsen emporsteigen und zwei Tage darauf entwickelte sich ein dicker Rauch über der ersten Insel und man vernahm ein unterirdisches Getöse, das von daher zu kommen schien. Endlich am 19ten Juli traten Feuererscheinungen ein, die erste Insel erhob sich aufs Neue, und da die schwarzen Felsen fortfuhren sich zu vergrößern, so hatten beide bald sich ganz vereinigt. Mehrere Ausbruchs-Öffnungen waren entstanden, aus denen mit großem Geräusch Dämpfe, Asche und glühende Steine hervorgeschleudert wurden. Diese schrecklichen Explosionen waren zuerst selten, mehrten sich aber mit der Zeit so, daß sie im Monat October täglich erschienen. Wenn sie begannen zeigte sich zuerst ein heller Lichtschein, dann folgte ein dicker Dampf, manchmal mit Aschen gemischt, die aus den dunkeln weißfarbigen Wolken als ein feiner dichter Staubregen über Land und Meer sich verbreiteten. Andere Male waren sie mit leuchtenden Steinen erfüllt, die beim Zurückfallen auf die kleine Insel, in der Nacht, eine so reizende Beleuchtung hervorbrachten, daß man nicht satt werden konnte sie anzuschauen. Nach und nach verlor sich das Alles wieder, die Ausbrüche hörten auf, die Öffnungen schlossen sich, das Meer erkaltete und die Insel stand fest. Sie hatte ungefähr 3000 Schritt im Umfang und 40′ Höhe, und so ist sie geblieben. Da das Meer vorher an diesen Stellen eine Tiefe von 5—600′ hatte, so ist die Höhe, bis zu der sein Boden emporstieg, nicht unbeträchtlich zu nennen.

Noch großartiger, doch in den Einzelheiten der Erscheinungen nicht bekannt, ist die Erhebung der Insel Bogoslowsk unter den Aleutischen Inseln, welche ungefähr in das Jahr 1796 fällt. Seehunds-Jäger von Unalaschka kannten an der Stelle, wo sie sich später erhob, einen einzeln im Meere gelegenen Felsen, der jedoch mehrere Jahre hindurch in dicke Nebel gehüllt war und deshalb von ihnen nicht besucht wurde. Als endlich einer von ihnen mit seinem Boote sich zu ihm hin wagte, kam er mit der Nachricht zurück, daß die vermeinten Nebel Rauch seien, und daß das Meer in der Nähe des Felsens koche. Erst im Jahre 1800 zerstreute sich der Rauch und man sah an der Stelle jenes Felsens eine Insel in Gestalt eines Pic, der Feuer und Rauch aus seinem Gipfel stieß. Seefahrer fanden im Jahre 1806 die Insel von 4 Meilen Umfang und den Berg so hoch, daß man ihn auf 12—15 Seemeilen sehen konnte, also wohl ungefähr 3—4000′ hoch.

Man sieht in der Reihenfolge dieser Erscheinungen, welche Erhebungen des Meeresbodens begleiten, einen bestimmten Entwickelungsgang, ganz den Wirkungen entsprechend, welche im Innern gefangene Dämpfe hervorbringen müssen, wenn sie sich einen Weg nach Außen zu bahnen versuchen. Zuerst erschüttern Erdbeben die Gegend, in der sie schon öfter einen Ausweg gefunden haben; nachdem der Boden zerrissen ist, treibt ihre Gewalt einzelne Stücke desselben allmählig empor; nach und nach öffnen die Dämpfe zwischen diesen hindurch sich einen Kanal, und zuletzt brechen sie mit unhemmbarer Gewalt hervor. Sie reißen glühende Massen mit sich fort, lassen sie in der Umgegend herabfallen und verbreiten zu Staub und Asche zersetzte Gesteine weit umher. Doch mit der Zeit nimmt die Spannung der Dämpfe ab, die erhobenen Massen bleiben theils stehen, theils versinken sie wieder, die Kanäle schließen sich, und die Verbindung zwischen Außen und Innen hört wieder auf.

Ähnliches geschieht bei dem Enstehen neuer Hügel und Berge auf dem Festlande, und schon die Alten verstanden den Grund der Erscheinung wohl, denn Ovid giebt uns von einem Berge in der Nähe der griechischen Stadt Trözene ein vortreffliches Bild der Entstehungsgeschichte, so phantastisch es auch im ersten Augenblick erscheinen mag, indem er sagt:

„Bei der Pittheischen Stadt Trözen ist ein Hügel, der Bäume
Gänzlich entbehrend und steil, einst ebene Fläche des Feldes,
Aber ein Hügel jetzund, denn — Staunen erregt es zu hören —
Wüthender Winde Gewalt, in umnachteten Höhlen verschlossen,
Strebten in's Freie zu weh'n, zu genießen des heiteren Himmels.
Aber sie rangen umsonst, denn es fehlte dem dunkelen Kerker
Jegliche Spalte, durch die den Lüften entstände ein Ausweg.
Aber diese darauf, wie vom Athem des Mundes die Blase
Anschwillt, oder die Haut des doppelt gehörneten Geisbocks,
Dehnen das Erdreich aus, daß empor es steigt von dem Windhauch.
Also ward es ein Berg, durch die Länge der Jahre verhärtet."

Solcher Art, obgleich auch wesentlich verschieden, waren die Phänomene, welche die Entstehung des Monte nuovo im Meerbusen von Bajae begleiteten. Er findet sich auf der kleinen Übersichtskarte der Umgegend von Neapel, zwischen Puzzuoli und dem Lago d'Averno, unmittelbar am Meere südwestlich vom großen Monte Barbaro.

In der Gegend von Neapel und Puzzuoli waren zwei Jahre lang häufige Erdbeben verspürt worden, bis endlich am 28sten September des Jahres 1538, da der Vesuv eben ruhig war, an der erwähnten Stelle, zwischen dem Monte Barbaro, dem Lago d'Averno und dem Meere, die Erde sich spaltete und Flammen an einigen Stellen, Wasser an andern aus ihr hervorbrachen. Zugleich zog sich das Meer 200 Schritte weit von seinem alten Ufer zurück d. h. mit andern Worten: es hob sich der alte Ufersaum so weit, daß der Boden des Meeres auf 200 Schritte trocken gelegt wurde. Darauf öffnete sich am folgenden Tage nahe am Meere ein Schlund, aus welchem mit dem Krachen des Donners Rauch, Flammen, Bimmsteine und auch Schlamm in großer Menge ausgestoßen wurden. In ungefähr zwei Tagen erhob sich die Erde zu einem Berge, der 400′ senkrechte Höhe und 6000 Fuß im Umfange hatte. Der Ausbruch wurde nach und nach schwächer und hörte am 3ten October ganz auf. An diesem Tage konnte man den Berg besteigen und näher untersuchen. Man fand auf seinem Gipfel eine trichterförmige Öffnung, einen Krater, ein viertel einer italienischen Meile im Umfang, in dem noch überall eine große Hitze verbreitet war. Einig Tage darauf fanden noch einige Ausbrüche statt, aber von da an erlosch er gänzlich.

Dieses Ereigniß ist wahrscheinlich die Ursach gewesen, durch welche sich das Terrain wieder hob, auf dem die Reste des vorher erwähnten Jupiter Serapis Tempels sich befanden, denn daß ein großes Stück des Uferrandes zwischen Puzzuoli und Bajae erhoben wurde und erhoben blieb, geht aus den Schenkungsurkunden hervor, welche einen Theil des neuen Landes geistlichen Stiftungen übergaben, daß indeß darauf der Tempel nicht sogleich zum Vorschein kam, rührte daher, daß er bei dem entsetzlichen Stein- und Aschen-Ausbruch, der die Entstehung des Monte nuovo begleitete, verschüttet und nicht wie die Stadt Puzzuoli wieder ausgegraben wurde.*) Puzzuoli wurde so völlig begraben, daß kein Haus sichtbar blieb und nur die Spitzen der vertrockneten Bäume über die Aschendecke hervorragten. Wahrscheinlich hätten die Einwohner lange gewartet ehe sie zur Rückkehr in diese Verwüstung sich hätten entschließen können, Puzzuoli wäre vielleicht vergessen worden, und man hätte vielleicht eine neue Stadt mit einem neuen Namen an einer ganz anderen

*) Ich verdanke die Mittheilungen über diese wichtige und bisher fast ganz unbekannte Thatsache der Güte des Herrn L. v. Buch.

Stelle wieder gebaut, hätte nicht der damalige Vicekönig von Neapel Don Pedro de Toledo, dessen Namen noch jetzt die Hauptstraße von Neapel trägt, durch schleuniges Aufgraben der verschütteten Stadt, durch die Anlage von neuen Pflanzungen und durch einen halbjährigen Aufenthalt in der gefürchteten Gegend die alten Einwohner zurückgeführt.

Auch in neuerer Zeit haben wir ein Beispiel von Entstehung neuer Berge in der Erhebung des Vulkans von Xorullo, zwischen Mexico und Colima, über das wir durch Al. von Humboldt eine große Zahl feiner Beobachtungen besitzen.

Die Gegend, in welcher der neue Berg sich bildete, war eine durch reiche Fruchtbarkeit ausgezeichnete Ebene, von hohen Basaltbergen umgeben, in der der reiche Pachthoff San Pedro de Xorullo lag. Man hatte keine Erinnerung, daß die Ruhe dieser fruchtbaren Ebene jemals durch Erdbeben gestört worden wäre. Im Juni des Jahres 1759 ließ sich zuerst ein unterirdisches Getöse hören, dem Erdbeben folgten, die fast zwei Monate anhielten, und in der Nacht vom 28sten zum 29sten September (dem Geburtstage des Monte nuovo) begann das Land auf drei bis vier Quadratmeilen sich, gleich einer Blase, zu erheben. Der Rand des aufsteigenden Terrains erhob sich nur um 40′, während die Mitte bis zu 500′ anstieg. Flammen brachen hervor, glühende Felsen wurden umhergeschleudert und durch eine, vom unterirdischen Feuer beleuchtete Aschenwolke, sah man die erweichte Decke der Erde anschwellen gleich dem sturmbewegten Meere. Hunderte von kleinen Hügeln, kaum 10′ hoch, von den Eingebornen Hornitos (Öfen) genannt, stiegen aus dem aufgeblasenen Gewölbe empor und noch als Hr. von Humboldt die Gegend besuchte stießen sie dicken Rauch aus und das Thermometer stieg in den Löchern, aus denen der Dampf kam, fast auf den Kochpunkt. Mitten unter diesen kleinen Öffnungen, auf einer Spalte von NNW nach SSO, die durch größere Trümmerhaufen bezeichnet wird, liegt der Vulkan von Xorullo. Er stößt beständig Rauch und Flammen aus und von ihm herab verbreiten sich schlackige und basaltische Laven. Seine großen Ausbrüche dauerten fast ein Jahr und die äußersten Punkte, bis zu welchen der Aschenregen fiel, waren fast 50 Meilen entfernt. Die Höhe des Berges erreicht 1500′ über der ehemaligen angebauten Flur und 3700′ über dem Meere. Der Umkreis der ganzen Erhebung beträgt zwölf Meilen.

Aus diesen angeführten Beispielen ersieht man deutlich, welch ein inniger Zusammenhang zwischen allen, mitunter vereinzelt auftretenden Äußerungen vulkanischer Thätigkeit besteht. Wir haben gesehen wie Erdbeben den Boden erschüttern, wie er zerreißt, bald in die Tiefe sinkt, bald sich erhebt, wie Inseln entstehen, wie Berge sich bilden, wie durch die geöffneten Spalten Dämpfe hervordringen, glühende Steine und Aschen weithin um sich verbreitend; aber wir haben dies alles nur kennen gelernt an Punkten, wo es vorüber gehend auftrat, und darum wollen wir nun eine Stelle näher betrachten, an der eine bleibende Verbindung zwischen der Erdoberfläche und dem Erdinnern existirt, einen bleibend Feuer speienden Berg.

Wir sehen die thätigen Vulkane über die verschiedensten Gegenden in allen Klimaten der Erde verbreitet. Island verbirgt sie unter einer Decke von Schnee und Eis, während Java in tropischem Klima ihre spitzen, meist noch dampfenden Kegel in aller Schroffheit erblicken läßt, die Inselgruppen im atlantischen und im stillen Ocean, Hesperiens Gefilde wie die Kette der Anden und Kamschatka und Unalaschka enthalten sie. Sie scheinen regellos vertheilt, und doch sind sie geordnet, denn entweder liegen sie mitten im offenen Ocean, oder sie folgen dem Abfall der Küsten großer Continente gegen das Meer. Im Innern derselben, mitten im Festland, kennen wir keine thätigen Vulkane.

Von allen diesen feuerspeienden Riesen, deren Haupt oft weit über die Grenzen des ewigen Schnees in die Lüfte hinaus reicht, verdient wohl derjenige näher von uns betrachtet zu werden, welcher am Genauesten bekannt ist, und das ist zugleich der, welcher uns am nächsten liegt, der Vesuv.

Wohl niemand hat Neapel, oder seine Umgegend, betreten, ohne auf's Lebhafteste von dem Anblick des anmuthigen und doch majestätischen Berges getroffen zu werden, der sich mitten aus der weiten Ebene erhebt. Die Kalkgebirge, die zum Cap von Sorrent ziehen, und die erloschenen Vulkane und Tuff Hügel, westlich der Stadt, stehen ihm zunächst, aber unmittelbar berühren sie ihn nicht. Mit keinem andern Bergzug, mit keiner Hügelreihe verbunden steigt der Vesuv unmittelbar aus der Ebene zu viertehalb tausend Fuß Höhe empor. In schön geschwungenen Linien erhebt er sich vom Uferrande des Meeres und aus bebauten Feldern zu einer gedoppelten Spitze. Keine Klippen, keine vorspringenden Felsen stören das Ebenmaß seiner Gestalt. In einer anfänglich sanften Steigung, die aber mehr und mehr sich erhebt, erreicht sein Abhang den zwiefachen Gipfel, den Berg der Somma und den Kegel des Vesuvs. Aus der Ferne, und besonders von Neapel aus, scheinen beide Berge gleich gestaltet und vereint, näher betrachtet sieht man aber, daß die Somma mantelförmig in einen weiten Halbkreis den Kegel des Vesuvs umgiebt. Das Bild auf No. 4. unserer Tafel zeigt die Gestalt, welche Somma und Vesuv nach ihrem ersten Ausbruch im Jahre 79 besaßen. Doch hier im Bilde erscheint der Berg fast kahl und schroff, und nicht in jener Schönheit, die ich so sehr an ihm gepriesen habe. Das liegt indeß nur darin, daß ihm sein eigentlicher Schmuck, die Rauchsäule, fehlt. Die Rauchsäule, die sich aus seinem Krater erhebt und entweder in stiller Luft eine einzige große gerundete Wolke über seinem Haupte bildet, oder die weithin vom Winde getrieben, ferner und ferner im blauen Himmel verschwimmt.

Wie wir den Vesuv jetzt sehen, so war er jedoch nicht immer. Strabo beschreibt ihn vor seinem ersten Ausbruch als einen Berg, rings von trefflich bebauten Feldern umgeben, doch kahl auf dem Gipfel. Dieser war größtentheils eben, aber durchaus unfruchtbar und bestand aus einem Gestein, das erschien wie vom Feuer zerfressen. Man könnte demnach die Vermuthung aufstellen, sagt er, daß dies Land vor Alters gebrannt habe, und Feuer-Kratere besitze, daß aber das Feuer dann, als es ihm an Stoff gebrach, erloschen sei. Er weiß nichts von Ausbrüchen des Berges, er beschreibt keine doppelte Spitze, er erwähnt nicht der Dämpfe, kurz, der Berg muß eine ganz andere Gestalt besessen haben. Florus nennt ihn vertieft und Vellejus erwähnt, daß als die 10000 Gladiatoren unter Spartacus sich auf ihn zurückzogen, sie einen Berg gewählt hätten, der nur einen einzigen schmalen Zugang gehabt habe.

Danach und nach den Schlüssen, die man aus seiner jetzigen Gestalt auf die frühere machen darf, hat ein berühmter Geognost unserer Zeit die Skizze entworfen, welche No. 3. unserer Abbildungen zeigt, der Vesuv oder vielmehr die Somma vor der Zeit, in der die ersten Ausbrüche begannen. Die Spalte fehlt, um nicht den Eindruck des Ganzen zu stören, denn so stellt der Berg sich deutlich als ein Beispiel dar, von einer Erhebung des Festlandes, auf welche kein Ausbruch gefolgt ist. Wir sehen solche Beispiele an mehreren Punkten der Erdoberfläche. Der halbmondförmige Bogen von Santorin gehört hierher, und besonders muß die Insel Palma von den Canarischen Inseln genannt werden, die für ein Muster solcher Erhebung gelten kann. Vom Ufer des Meeres steigen allmählig ihre Küsten zu einem hohen Rande auf, der plötzlich und steil zu einem runden Kessel von 4—5000' Tiefe abfällt. In seiner Mitte ist kein vulkanischer Krater, keine Schlacken, keine Auswürflinge, keine Asche finden sich darin. Seine hohen Wände bestehen nur aus Schichten von Basalt, welcher die Grundlage aller benachbarten Inseln bildet.

Solche eigenthümlichen Gebirge, die offenbar durch eine plötzliche, bedeutende Erhebung der festen Erdrinde entstanden sind, hat man Erhebungs-Kratere genannt, aus ihnen heraus ist es dann häufig, daß, wenn auch nicht im ersten Augenblick, doch später, Vulkane entstehen, und auf diesen dann Stein- und Aschen-Kegel, oder sogenannte Ausbruchs-Kratere sich bilden. Das geschah zuerst beim Vesuv im Jahre 79 n. Ch. G. Der Berg und seine Umgebung waren in der Nacht vor dem 25sten August oder 1sten oder 3ten Novembr. (man ist nicht einig über den Tag) von einem furchtbaren Erdbeben zerrissen worden und unmittelbar darauf entwickelte sich ein Ausbruch von Aschen und Steinen, der so mächtig war, daß man den anbrechenden Tag nicht von der Nacht zu scheiden vermochte. Herculaneum und Pompeji, die dem Berge zunächst gelegenen Städte, wurden auf diese Weise verschüttet, ähnlich wie es das Schicksal von Puzzuoli im Jahre 1538 war, und an der Stelle des alten Berges zeigte sich die veränderte Gestalt, die man auf No. 4. dargestellt hat. Die eine Hälfte des Erhebungskraters war eingestürzt und an seiner Stelle hatte ein steiler Kegel vulkanischer Natur, aus Steinen und Aschen aufgebaut und durch schmelzende Massen verkittet, sich erhoben. Die Ausbrüche dauerten mehrere Tage, hörten dann zwar auf, aber von dieser Zeit hat der Berg beständig Rauch ausgestoßen und in größeren oder kleineren Pausen Ausbrüche von Laven, Steinen und Aschen über die Umgegend verbreitet.

Da nun die Thätigkeit eines solchen stetigen Heerdes der unterirdischen Feuer doch noch wesentlich verschieden ist von den vereinzelten Äußerungen dieser Kräfte, so wollen wir den Vesuv in einem seiner größten Ausbrüche betrachten, den einer unserer scharfblickendsten und geistreichsten Naturforscher. im Anfang dieses Jahrhunderts beschrieben hat.

Am 15. Juni 1794 wurden die Bewohner der campanischen Ebene durch ein heftiges Erdbeben aus dem Schlafe geschreckt. Es war ein unregelmäßiger Stoß, der die Gebäude zerriß, die Fenster klirrend erschütterte und gewaltsam die innern Geräthschaften durch einander stürzte. Gleich darauf erhellten rothe Flammen und leuchtende Dämpfe den Himmel.

Der Vesuv war am Fuß seines oberen Kegels geborsten, und von den Dächern der Häuser in Neapel sahe man aus mehreren Öffnungen übereinander die Lava hoch in parabolischen Bögen hervorspringen. Fortdauernd hörte man einen dumpfen, aber heftigen Lärm, wie den Cataract eines Flusses, der in eine tiefe Höhle hinabstürzt. Unaufhörlich schwankte der Berg und auch in der Stadt begannen die Erschütterungen. Das reizbare Volk, das sich nicht mehr auf sicherem Boden und die Luft in Flammen erblickte, stürzte von Furcht und Schrecken ergriffen zu den Füßen der Heiligen in Kapellen und Kirchen, griff nach Kreuzen und Bildern, und durchzog heulend die Straßen in wilder Verwirrung.

Der Berg achtete ihres Angstgeschreies nicht, es sprangen immer neue Öffnungen auf und mit gleichem Lärm und Gewalt brach die Lava hervor. Sie stürzte mächtig und schnell am Abhang herab. Jede Explosion aus ihren vielen Krateren drängte eine neue Masse herauf, die, sich dem Strom zuwerfend, ihm neue Kraft und Stärke zu geben schien. Resina, Portici und Torre del Greco schienen bedroht. Lange blieb die Richtung unentschieden, aber endlich stellt sich ein tiefer Graben dem Lauf der Lava entgegen, sie folgt seiner Richtung, und er öffnet sich auf der Höhe über dem unglücklichen Torre del Greco. Mit neuer Wuth fällt der Strom den steileren Abhang hinab. Er trennt sich nicht mehr, und in 2000′ Breite erreicht er die blühende Stadt. Im nächsten Augenblicke suchten 18000 Menschen Schutz auf dem Meere.

Das große Meer selbst vermogte es kaum der Lava Grenzen zu setzen. Mächtig schob sich der obere Theil, während der untere im Wasser erstarrte, über den erkalteten weg. Weit umher siedete das Wasser und gekochte Fische in unzähliger Menge bedeckten die Fläche.

Mitten unter diesen Verwüstungen brach der neue Tag

an. Man sahe die aus den Krateren sich hebenden Flammen nicht mehr, aber auch den Berg nicht. Eine schwarze festscheinende Wolke lagerte sich um ihn herum und breitete sich nach und nach, wie ein finsterer Flor, über den Golf und das Meer aus. Unaufhörlich fiel in Neapel und in der Gegend ein feiner Aschenregen herab, der Pflanzen und Bäume, Häuser und Straßen bedeckte. Die Sonne erhob sich strahlenlos und ohne Glanz, und kaum war die Helle des Tages dem schwachen Lichte der Morgenröthe vergleichbar.

Diese fürchterlich-traurige Erscheinung vermogten die Neapolitaner nicht zu ertragen. Alle überfiel eine ängstlich düstere Schwermuth, und in ununterbrochen fortgesetzten Prozessionen suchten sie den erzürnten Himmel zu besänftigen. Es war nicht mehr das leicht empfängliche Volk, das lärmend mit den Kreuzen die Straßen durchstürzte. Die vornehmsten Familien Neapels schlossen sich dem feierlich-langsamen Zuge der Prozessionen an, und folgten seufzend und still, in langer Reihe, dem Kreuze durch die Finsterniß nach.

Am Morgen des 18ten stürzte mit einem heftigen Stoß der Gipfel des Berges zusammen. Statt der Spitze, die wir auf unserm Bilde sehen, sah man ihn schief abgestumpft gegen das Meer, und so sieht man ihn noch. Die unaufhörlichen Aschenausbrüche hatten das Innere des Berges erschöpft, so daß er den Gipfel nicht mehr zu tragen vermogte, aber diese imposante Erscheinung beendete den finstern Aschenregen nicht. Wolkenbrüche vermischten sich in der Luft mit der Asche, und die Masse fiel, wie ein zäher Teig über die Gegend. Endlich mit dem 26. Juni hörte der ununterbrochene Aschenfall auf, die Regen verloren sich, und mit dem Anfang des Juli kehrte Heiterkeit in das gesegnete Klima Neapels zurück.

Nachdem ich mich bemüht habe, in geregelter Folge die Gesammtheit vulkanischer Erscheinungen zu einem anschaulichen Bilde zu vereinen, will ich versuchen, dies Ganze als eine fortlaufende Reihe gegenseitiger Wirkungen jener Grundursachen darzustellen, deren ich im Anfang meines Vortrags kurz erwähnte.

Wenn es feststeht, daß Wasser auf vielen tausend Spalten und Klüften in das Erdinnere gelangt, und wenn dies Innere eine mit der Tiefe mehr und mehr steigende Temperatur besitzt, so müssen die herabdringenden Wassermassen durch die innere Hitze in Wasserdämpfe verwandelt werden. Da wir im Kleinen an unsern Dampfmaschinen und Locomotiven sehen, wie große Kraft erhitzte und gespannte Wasserdämpfe, selbst bei einer Temperatur, wenig höher als die des kochenden Wassers, auszuüben vermögen, so können wir eine Ahnung haben, welche furchtbare Gewalt die glühenden Dämpfe besitzen müssen, die im Erdinnern gefangen sind. Daher geschieht es, daß sie die Pfeiler der Höhlungen oder Gewölbe, über denen die feste Erdrinde ruht, zu erschüttern vermögen, indem sie aus einem Raume, den sie erfüllt haben, sich Bahn brechen in einen neuen, der noch leer ist, oder nur weniger gespannte Dämpfe enthält, und daß sie so die Wirkungen hervorbringen, welche mit dem Namen der Erdbeben belegt werden.

Finden indeß die gefesselten Dämpfe im Erdinnern keine Wege mehr, auf denen sie sich verbreiten könnten, so drängen sie nach Oben, bewegen und heben die Oberfläche und dringen endlich hervor. So bilden sich neue Inseln und Berge.

Gelingt es ihnen sogar einen dauernden Schlot zu erhalten, auf dem sie zur Oberfläche gelangen können, so häufen sie auf diesem Wege durch ihre Hitze geschmolzene Gesteins-

Massen auf und schieben sie vor sich her bis in den Berg hinein, der ihren Ausweg enthält. Kann dieser endlich solchem Drucke nicht mehr widerstehen, so zerreißt er und läßt das geschmolzene Gestein, die Lava, in Strömen über das Land sich verbreiten. So arbeitet ein Vulkan. Sobald dies geschehen, finden die Dämpfe eine Mündung, dringen aus ihr hervor und führen fein vertheiltes Gestein als Asche und Staub mit sich fort. Während der Aschenregen fällt, kühlen die Dämpfe sich ab und folgen als Wolkenbrüche darauf. Rings um den Berg wird die ganze Gegend verwüstet. Was die Lava verschont bedeckt die Asche und die Regenströme fallen überall.

In allen diesen Fällen sind es die Wasserdämpfe allein, welche die Veranlassung so großartiger Erscheinungen werden, denn was sonst noch von anderen Stoffen, wie besonders von Chlor und Schwefel, in Dampfgestalt von den Vulkanen hervorgebracht wird, verschwindet gänzlich, wie man aus sorgfältigen chemischen Untersuchungen weiß, neben der Menge von Wasserdämpfen, welche bei jedem kleinen oder großen Ausbruch ausgestoßen werden. Und so erkennen wir denn, daß nur in dem Eindringen des Wassers in die heißen Tiefen des Erdinnern die Ursache aller vulkanischen Thätigkeit zu suchen ist, und daß wir solche Wirkungen ansehen müssen, als eine Folge der Gegensätze, welche bestehen zwischen dem Zustande der Erdoberfläche und dem des Erdinnern.

1.

Aversa
Nola
Somma
Ottaiano
Capo di Monte
Camaldoli
M.t Corvaro
Pianura
Astroni
Cumae
L. d'Averno
Solfatara
L. d'Agnano
NAPOLI
Pozzuoli
Baiae
Nisida
P.ta di Pausilipe
Portici
Resina
Torre del Greco
Monte di Procida
Capo di Miseno
PROCIDA
I. Vivara
Ischia
Floria
ISCHIA
Torre dell Annunziata
Pompeii
R. Sarno
Scafati
Castell a Mare
Gragnano
Vico
Sorrento
Capo di Sorrento
Amalfi
I. Lunga
P.ta di Campanella
CAPRI

3.

2.

4.

FSC
www.fsc.org
MIX
Papier | Fördert
gute Waldnutzung
FSC® C083411

Zeitfracht Medien GmbH
Ferdinand-Jühlke-Straße 7
99095 Erfurt, Deutschland
produktsicherheit@kolibri360.de